掌上科技馆

从燃烧到熔化

[英] 皮特·拉弗蒂 著

金蓉 译

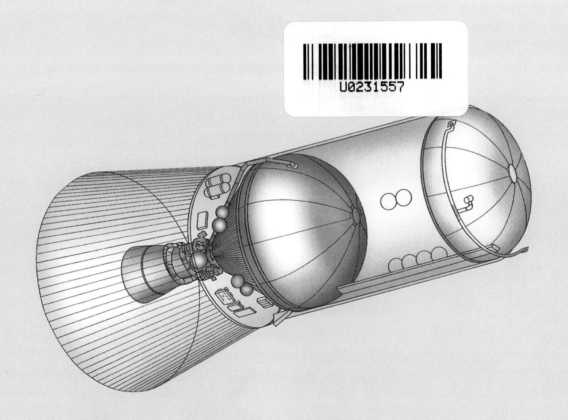

科学普及出版社

·北京·

图书在版编目（CIP）数据

从燃烧到熔化 /（英）皮特·拉弗蒂著；金蓉译 . —北京：科学普及出版社，2018.1
（掌上科技馆）

ISBN 978-7-110-07428-2

Ⅰ . ①从… Ⅱ . ①皮… ②金… Ⅲ . ①燃烧 – 青少年读物 ②熔化 – 青少年读物
Ⅳ . ① O643.2-49 ② TB4-49

中国版本图书馆 CIP 数据核字 (2017) 第 182922 号

书名原文 : HANDS ON SCIENCE：Burning & Melting
Copyright © Aladdin Books Ltd
An Aladdin Book
Designed and directed by Aladdin Books Ltd
PO Box 53987 London SW15 2SF England
本书中文版由 Aladdin Books Limited 授权科学普及出版社出版，
未经出版社允许不得以任何方式抄袭、复制或节录任何部分。

著作权合同登记号：01-2013-3443

责任编辑　李　睿
封面设计　朱　颖
图书装帧　锦创佳业
责任校对　杨京华
责任印制　马宇晨

科学普及出版社出版
http://www.cspbooks.com.cn
北京市海淀区中关村南大街 16 号　邮政编码：100081
电话：010-62173865　传真：010-62179148
中国科学技术出版社发行部发行
鸿博昊天科技有限公司印刷
开本：635 毫米 ×965 毫米　1/8
印张：4　字数：40 千字
2018 年 1 月第 1 版　2018 年 1 月第 1 次印刷
ISBN 978-7-110-07428-2 / TB·28
定价：18.00 元

目录

物质如何燃烧？燃料如何在引擎中燃烧发热做功？书中大量的实例展示说明了物质的燃烧与熔化过程。书中还将告诉你怎样使用常见的生活用品作为实验设备来体验热能的作用。同时，还有一些有趣的小问题，让你对热能有更进一步的了解。

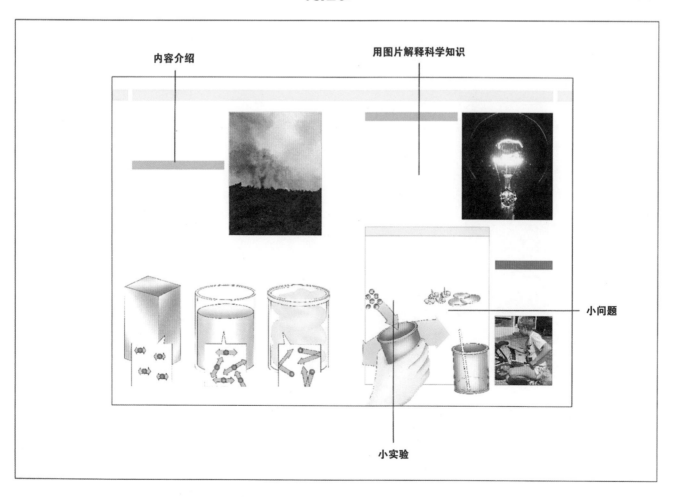

内容介绍

用图片解释科学知识

小问题

小实验

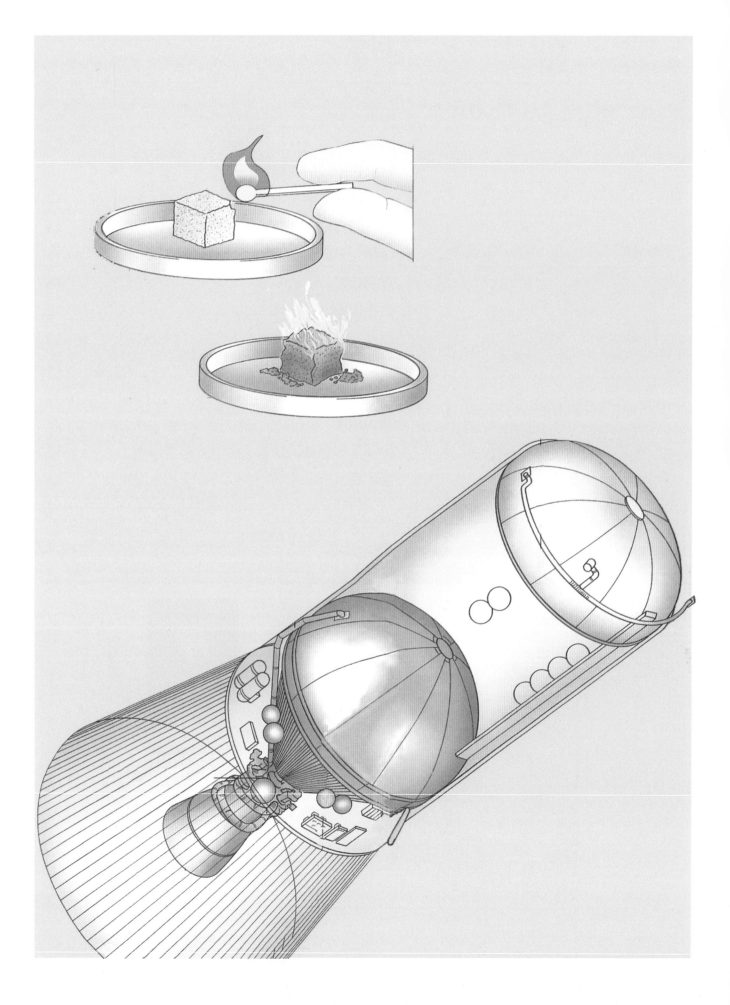

导　读

　　热能是生命存在的必要条件之一。在数十万年之前，当古人类发现并学会了如何利用火时，人类也就开始了对热能的初步利用。第一次对火与热能的了解，可能源自古人抓取闪电引燃的树枝时的感受。从那时起，他们开始用火来取暖和烧烤食物。很多年之后，人类甚至掌握了利用热能从矿石中提取多种金属的方法，这也是在分子、原子层次对物质进行研究的化学学科的开端。燃烧是化学家最早开展研究的一类基础项目，在此基础之上，后来的科学家对热能的物理效应进行了更深入的研究，如熔化、蒸发、膨胀等现象。通过对这些现象的深入研究，科学家逐步掌握了控制与利用热能的方法，并将它们应用到越来越多的方面。热能推动着世界的发展变化，无论是工业制造、交通运输，还是我们的日常生活，任何一个方面都离不开对热能的利用，我们无法想象如果现在人类还没有掌握热能的话，我们的生活会是什么样子——唯一可以肯定的是，如果真是那样的话，那么我们大概还停留在原始时代。

▽篝火为野外露营的人带来欢乐。

能量是物质运动的源动力，它有多种形式。热能是能量中的一种。热气球之所以能够升上天空，是因为热能使气球中的空气受热并膨胀起来，受热后的空气密度会低于球体外的空气，热气球也就因此飞上了天空。

分子运动（运动中的分子）

热物体的能量来自其分子或原子的移动。接触物体时，虽然我们感觉不到其中分子或原子的移动，但可以感受到它们移动时所产生的热量。在固体中，由于分子或原子之间有很强的吸引力，所以分子的移动范围微乎其微，这些分子只能在其原来的位置周边快速振荡。在液体中，由于分子或原子彼此之间的引力弱于固体中的引力，所以它们可移动的范围较大，这也是液体可以流动的原因。气体中分子或原子间的引力是最弱的，所以气体可以自由飘移，甚至可以从装载它们的容器壁中渗透而出。

△森林大火具有强大的破坏力，还会释放大量烟尘污染空气。所以我们要做好森林防火工作，让热能为人类服务，而不是搞破坏。

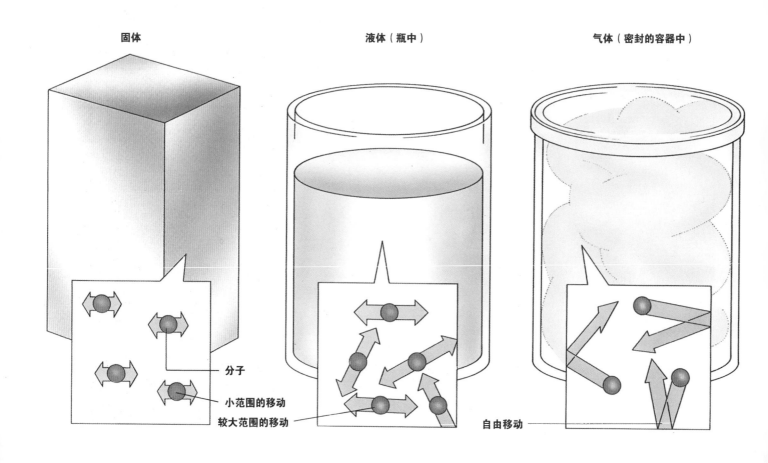

固体　　　液体（瓶中）　　　气体（密封的容器中）

分子

小范围的移动

较大范围的移动

自由移动

能量的转换

能量有多种存在形式，包括热能、光能、电能、声能、化学能、核能与动能等。无论它以何种形式存在，我们总可以利用它做一些事情。能量的单位为焦耳。一个人拿着质量为 1 牛顿（约一个苹果的重量）的重物并把它提高 1 米的距离，要做 1 焦耳的功，同时也要消耗 1 焦耳的能量。

通过适当的方式，能量可以在不同的形式之间转换。例如，电暖气可以将电能转换为热能，电机可以将电能转换为动能。

△灯泡中的灯丝将电能转换为热能与光能。灯泡的功率单位是瓦特。1 枚 100 瓦特的灯泡每秒消耗 100 焦耳的能量。

加热筒

通过在硬纸筒中晃动金属球，可以将动能转换为热能。在开始晃动之前，先用温度计测量一下金属球的温度，然后把金属球倒入硬纸筒内并猛烈晃动一段时间，此时你会发现金属球的温度有所上升，这是因为金属球摄取了一部分猛烈摇晃硬纸筒时产生的动能，并将它转换成了热能。

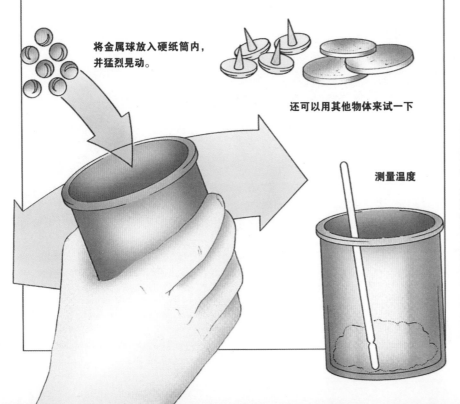

将金属球放入硬纸筒内，并猛烈晃动。

还可以用其他物体来试一下

测量温度

小问题

在给自行车打气时，打气筒会变热。能量被用于将大量的气体分子压缩到一个很小的空间内。此时温度为什么会上升呢？这是因为一部分能量被转换成了热能。

热能与温度并不是一回事。热能指物体中分子运动时所产生的能量的总和。运动中的分子具有一定的动能。物体中分子的运动速度决定了物体的温度。分子的运动速度越快，物体的温度越高。

温标

有三种常用的温度测量标准：摄氏温标、华氏温标，以及开尔文温标。在摄氏温标中，水的结冰点被定义为0℃，沸点被定义为100℃。在华氏温标中，水的结冰点是32 ℉，沸点是212 ℉。开尔文温标中的零点指理论上最低的温度，也称为绝对零度，它相当于-273.15℃或-459.67 ℉。与摄氏温标相同，开尔文温标也分为100个等级，所以它的结冰点是273.15K。

△冰山的温度远低于一杯开水，但它所蕴含的热能却远高于后者。冰山体积庞大，因而其中储藏着巨大的能量。

▽利比亚的阿济济耶是地球上最热的地方。1922年9月13日，该地区的温度达到了创纪录的57.8℃ (136.4 ℉)。

温度计

温度计的种类有很多。最常见的是玻璃管温度计，其工作原理是在标有刻度的玻璃管中注入液体（如水银），利用液体受热膨胀的原理来测量温度。热电偶温度计利用金属片在受热时会产生微量电流的原理来测量温度。半导体温度计是一种精密的仪器，外界温度稍有变化，温度计的电阻值就会发生明显的变化，此时测量通过温度计的电流大小即可计算出温度值。高温计使用一根电热丝接触受热物体，通过比较电热丝的颜色变化来测量物体温度。

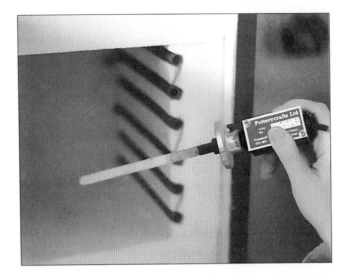

△ 高温计可用来测量炉窑内的高温度数。

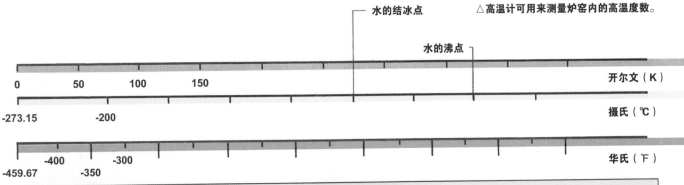

水的结冰点

水的沸点

开尔文（K）

0   50   100   150

摄氏（℃）

-273.15   -200

华氏（℉）

-400   -300

-459.67   -350

制作空气温度计

下面我们来制作一个简易的温度计。你需要找到一个带有软木塞的瓶子，并且要在木塞的中间位置上钻一个孔。将一根透明吸管小心地插到木塞的孔中，再将木塞紧紧地塞入瓶口内，然后将吸管的另一端浸入有色液体中。将你的手放在瓶子上，用你的手温把它捂热。此时，吸管浸入液体中的一端会冒出一些气泡。把手从瓶子上移开后，水会被吸入吸管中。把这个温度计放在不同的地方，观察吸管中水平面的高度有什么变化。你还可以做一张画有刻度的卡片，并固定在吸管上。

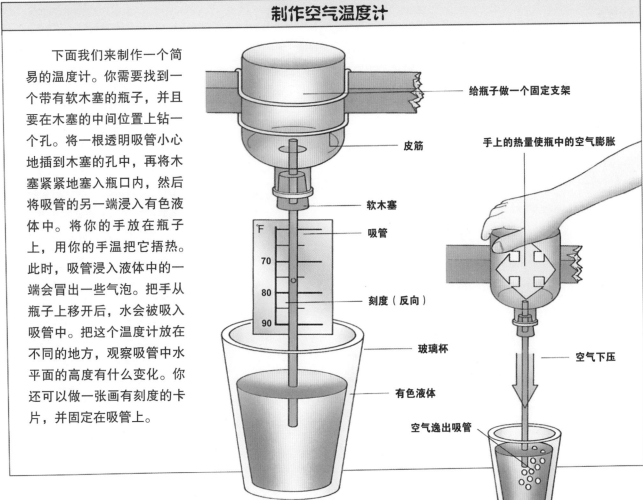

给瓶子做一个固定支架

手上的热量使瓶中的空气膨胀

皮筋

软木塞

吸管

刻度（反向）

玻璃杯

有色液体

空气下压

空气逸出吸管

地球上最低的温度出现在南极洲。1983 年 7 月 21 日，苏联在南极洲的沃斯托克科考站记录了地球上出现的最低温度 -89.2℃。冥王星是太阳系中最寒冷的地方，它的平均温度是 -230℃。 在太空中那些远离恒星的地方总是很寒冷的，其温度甚至会低于 -270℃。

绝对零度

物体的温度越低，物体中分子移动的速度就越慢。如果温度持续降低，分子最终会停止活动。使分子停止活动的温度称为绝对零度（相当于 460 ℉，-273.15℃或 0 K）。但即使是在温度极低的情况下，也是很难完全让物体失去热能的。绝对零度只是一个理论数值，在现实世界中很难达到。

▽在绝对零度的环境中，物体中没有热能。当温度稍有上升时，物体中的分子就会开始活动，物体也因此具有了热能。

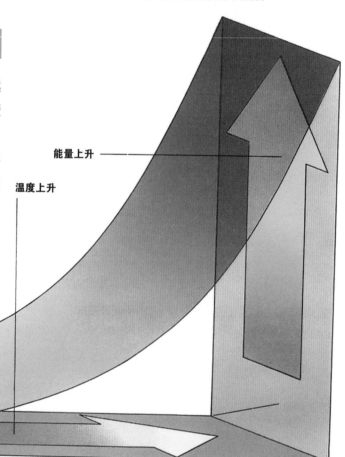

能量上升

温度上升

绝对零度

气体液化

当温度极低时，气体会发生液化现象。液态氧和液态氮就是通过这种方法获得的。液态氢与液态氮的制造过程需要经过两个步骤，首先是对它们进行压缩与冷却，然后通过一个小型喷嘴把气体释放出来，使它们的体积迅速膨胀，此时气体的温度会进一步降低。液化气的温度极低，而且用途广泛。例如，在医疗领域中可以使用它们快速冷冻活体器官组织，而且不会对器官组织造成损伤。使气体液化的另一个好处是方便存储，应用于火箭的液态燃料就是一个极好的例子。

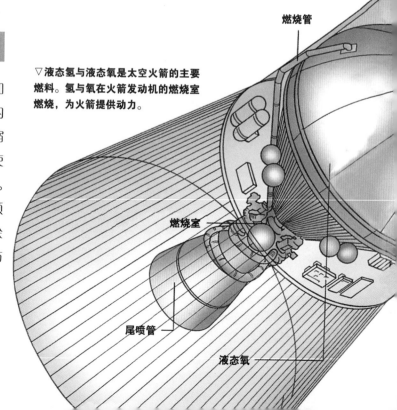

▽液态氢与液态氧是太空火箭的主要燃料。氢与氧在火箭发动机的燃烧室燃烧，为火箭提供动力。

燃烧管

燃烧室

尾喷管

液态氧

超流体与超导体

当温度接近绝对零度时，某些物质会发生一些奇怪的变化。有一些金属，如铅和汞，会失去电阻并因此成为超导体，这意味着电流可以在这些金属中毫无阻碍地传输。液态氦在接近绝对零度的环境中会变成超流体，并向上流动。将一个空烧杯放在一个盛有液态氦的容器内，液态氦会向上流入烧杯内；而当容器里空了之后，液态氦还会向下回流到容器内。

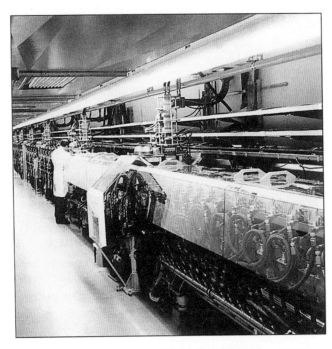

△超导体可以传输大量的电流，并可以用于制造粒子加速器所需的超强磁铁。

液态氢

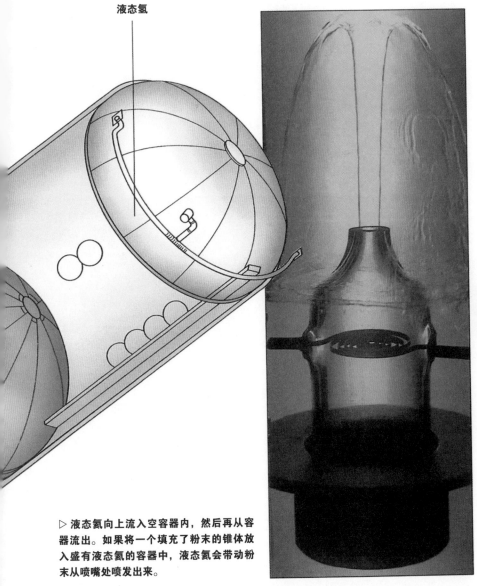

▷液态氦向上流入空容器内，然后再从容器流出。如果将一个填充了粉末的锥体放入盛有液态氦的容器中，液态氦会带动粉末从喷嘴处喷发出来。

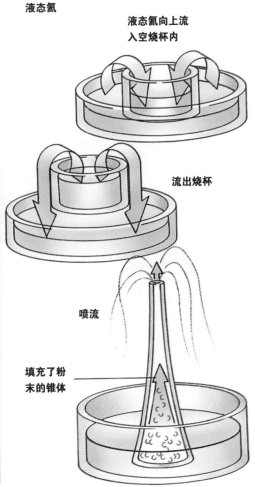

液态氦

液态氦向上流入空烧杯内

流出烧杯

喷流

填充了粉末的锥体

在约 150 亿年前那场石破天惊的宇宙大爆炸中，产生了大约 10 万亿℃的高温，宇宙由此产生。与宇宙中的其他星球相比，地球上的温度相对较低。火焰的最高温度约为 5000℃。

恒星的构成

太阳是一颗恒星，其核心温度达到 1500 万℃。在恒星的内核中，物质在核聚变过程中转化为能量，小原子变成大原子。能量以辐射的形式从辐射层向外释放出来。在对流层中，热物质流成为热能的载体。光球层相对较薄，而且离核心远一些，所以温度相对低一些——太阳光球层的温度为 6000℃左右。恒星的最外一层是色球层，它释放出的火焰可蹿入太空中数千千米远的地方。

△核爆炸会产生的温度达到 3 亿~4 亿℃，这是最高的人造温度。

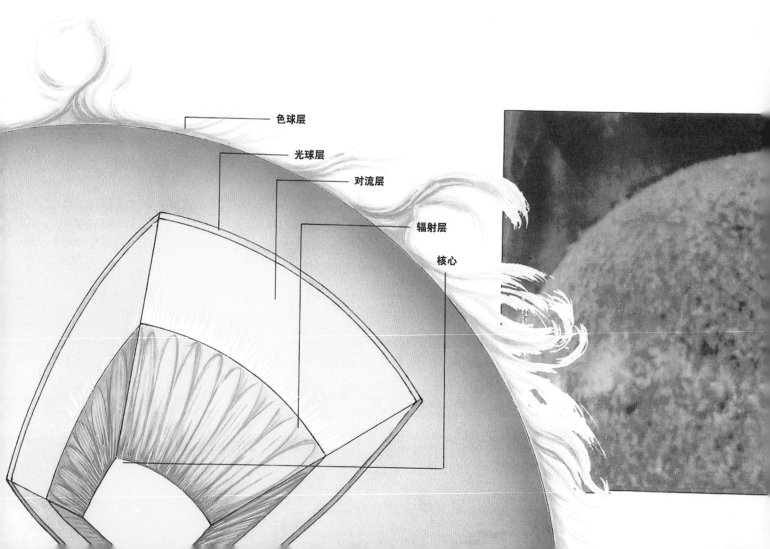

色球层

光球层

对流层

辐射层

核心

地球的构成

地球表面是一层相对较薄的岩石层，叫作地壳。在海洋底部，地壳的厚度约为 8 千米；在陆地上，地壳的厚度约为 40 千米。地壳之下是地幔层，这是一个厚度约 2900 千米的液态岩石层（岩浆层），其温度约为 1500~3000℃。有时候，岩浆会从地壳的缝隙或火山口喷发出来，这就是所谓的熔岩。再向下一层是外地核，主要组成物质是温度高达 3900℃的液态金属。内核层位于地球的中心，它是一个直径约为 2740 千米的固态金属层，温度约为 4000℃。

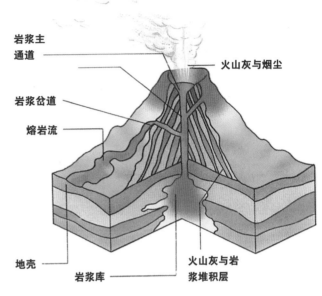

岩浆主通道

岩浆岔道

熔岩流

地壳

岩浆库

火山灰与烟尘

火山灰与岩浆堆积层

▽炙热的熔岩从火山口喷涌而出，其温度最高可达 1000℃。

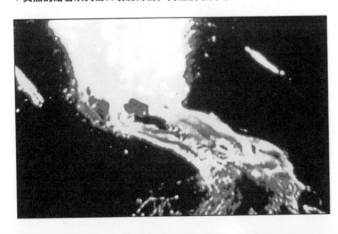

最热的行星

水星是距离太阳最近的行星。在一天中，水星的最高温度会接近 350℃，这相当于地球上最高温度记录的 6 倍之多。

◁ 日珥是从太阳上喷出的巨大火焰。最大的日珥相当于地球体积的 40 倍。

△ 水星的表面与月球相同，都是一层岩石，没有空气和水，四处遍布着大大小小的陨石坑。

热能可以三种不同的方式传播：辐射、对流和传导。在真空中，它以辐射或称为热射线的方式传播。在气体及液体中，热能依靠对流传播。热能的传导发生在固态物体中。

热射线

热射线也称为红外辐射，它的传播方式与光相似，都是高速传播的电磁波。红外辐射的波长比红光稍长。光与红外辐射的传播速度基本相同，都是将近 300000 千米／秒。当一个物体比周围物体的温度更高时，它释放出的热能比其所吸收的更多。反之，温度低的物体释放出的热能少于它吸引到的热能。与浅色物体相比，深色物体能吸收更多的热能。

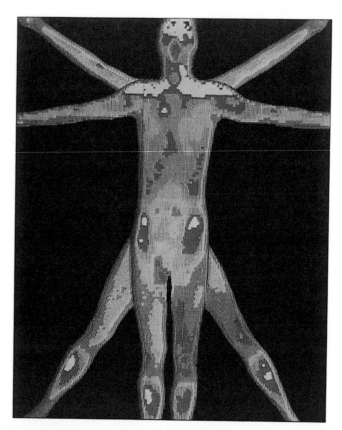

△医生使用热成像仪对患者的体内器官进行检测。受损器官的温度会高于健康器官。

对流

当你点燃一根蜡烛时，火苗上方的空气会受热膨胀。由于热空气的密度低于周围的冷空气，所以它向上升腾，而此时周围的冷空气会转移至热空气原来所在的位置上。只要热源存在，那么这个空气的循环移动过程就会周而复始地进行下去：热空气上升并带走热能，等它冷却后再下降，然后又被再次加热。这就是所谓的对流。在大气层中，空气的对流会形成风。在温度较高的地区，如热带地区，来自太阳的热能使空气受热并上升，此时温度相对较低的空气会移动过来填补上这块区域。不只在气体中，在液体中对流也会产生相同的效果。如果你将一颗豌豆放到一个盛满凉水的烧杯中，然后用火加热它，你会看到当水接近沸点时，豌豆会被本来在杯底的先受热的水流带到水面上来。

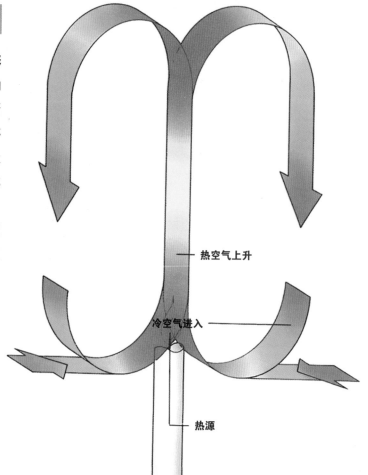

热空气上升

冷空气进入

热源

传导

如果你将一根金属条的一端放到蜡烛的火焰上，接近火焰处的金属原子会从火焰中获得额外的热能。这些原子会快速振动起来，并挤压相邻的原子，同时把热能传播给它们，我们将这个沿金属条传播热能的过程称为传导。当用手拿取一块金属时，你会感觉到它比实际的温度更凉一些，这是因为你手上的热能被金属快速传走了。但当你拿一件衣服时却不会有这样的感觉，这是因为衣服是不良导体，它的导热性能不佳。

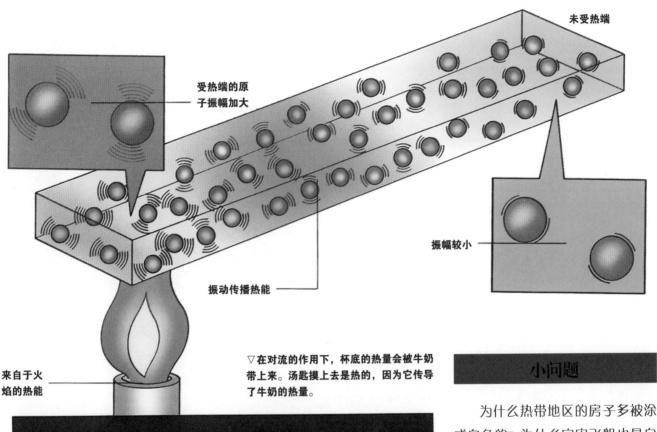

受热端的原子振幅加大

未受热端

振幅较小

振动传播热能

来自于火焰的热能

▷在对流的作用下，杯底的热量会被牛奶带上来。汤匙摸上去是热的，因为它传导了牛奶的热量。

小问题

为什么热带地区的房子多被涂成白色的？为什么宇宙飞船也是白色的？因为浅色会将来自太阳的热射线尽可能多地反射回去。

当一个固态物体被加热时，它的原子或分子会快速振动起来。在持续加热的情况下，一些分子开始自由地移动，而且移动的范围越来越大，此时这个固体物质就开始熔化了，并最终成为液体。如果再继续对液体加热，分子会获得足够的能量并开始脱离液体表面，这即是沸腾。

潜热

在液体沸腾后，即使再对它进行加热，它的温度也不会再上升了。此时热能的作用不再是提高液体的温度，而是让液体中的分子获得更多的能量，使其能够从液体表面上脱离出来，形成气体。由于使液体转变为气体的能量不会再提升液体的温度，所以我们将这种能量称为潜热。

△ 在高原地区，由于气压相对较低，所以水的沸点也低于平原地区。

▽ 止痛喷雾通过快速蒸发受伤肌肉上的热量起到止痛的作用。

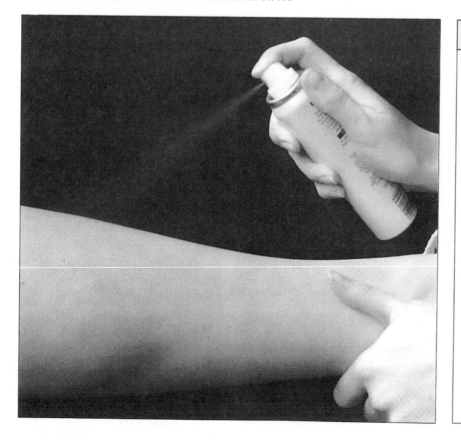

压力与融化

用手捏住两块冰，一段时间之后松开手，你会发现它们粘在了一起。这是因为在相互挤压的过程中，冰块的接触面在压力作用下融化了，而在压力消失后，融化的部分重新凝结，两块冰也因此冻在一起了。用细金属丝把一个重物系在一块稍大些的冰块上，在压力的作用下，与金属丝接触的冰面会融化，金属丝会慢慢穿过冰块，而在其通过之后，已融化的冰体会重新冻上。

熔点与沸点

使固体物质熔化的温度称为熔点，使液体沸腾的温度称为沸点。在正常的气压之下，纯物质的熔点与沸点总是固定的。但如果物质纯度不高，或气压发生变化，其熔点与沸点就会发生改变，例如盐水的沸点就高于纯水，在低气压的环境下，水的沸点也会降低。

▽干冰是固态的二氧化碳。在正常的室温环境中，二氧化碳是气态的。当干冰遇热后，二氧化碳会直接转变成气体，而不先融化为液体。

△冰柱是滴落的水冻结形成的。水滴沿着冰柱向下滑落，途中遇冷冻结，于是就形成了倒锥体的形状。在温度上升后，冰柱又逐渐融化成水滴坠落到地面。

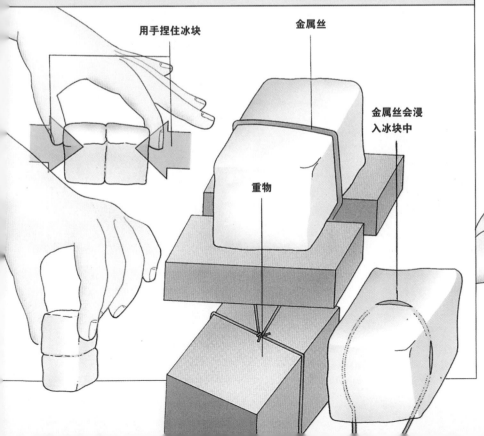

用手捏住冰块

金属丝

金属丝会浸入冰块中

重物

小问题

你知道用盐水煮蔬菜有什么好处吗？除了增进食物的口感外，还可以让蔬菜熟得更快。因为盐水的沸点高于纯水，所以烧开的盐水温度更高，这可以缩短蔬菜在开水中浸泡的时间，有利于保持蔬菜的口感与营养。

不同物质的导热性能不尽相同。一般而言，与其他物质相比，金属的导热性能普遍较好，但也有所差异，而气体与液体不是良好的热导体。举例来说，铜的导热性能是铁与钢的 3 倍，是玻璃的 100 倍，是空气的 10000 倍。我们将导热性能差的物质称为热的绝缘体。

保温

空气是热绝缘体，热量不能通过它来传输到其他地方。羊绒质地的衣物可以有效阻止空气流通，在身体与衣服之间形成一层空气层，从而起到保暖的作用。出于相同的原因，在南北两极探险的科学家穿着的防寒服不是单层的厚衣物，而是多层的防寒服，这样能更好地起到保暖防寒的作用。玻璃纤维本身就是一种热绝缘体，同时它也可以阻止空气流通，因此可以将它铺在房屋顶棚中，让房屋内部冬暖夏凉。保温瓶是一种双层的玻璃瓶，两层瓶壁之间是真空的，这样可以防止热量被传导出去，同时，瓶壁上还做了镀银处理——将热辐射反射到瓶体内部，保证不会因热辐射而损失热量。这些方法让装入瓶内的液体可以尽量长时间地保持温度。另外，保温瓶与其外壳之间也做了绝缘处理，最大程度地减少热能损失。

△ 人们在冬季喜欢穿羊绒类的服装，是因为羊绒可以阻隔空气流通，具有保暖御寒的作用。

▽ 玻璃纤维可以有效阻止空气流通，因此它是优良的建筑隔热材料。

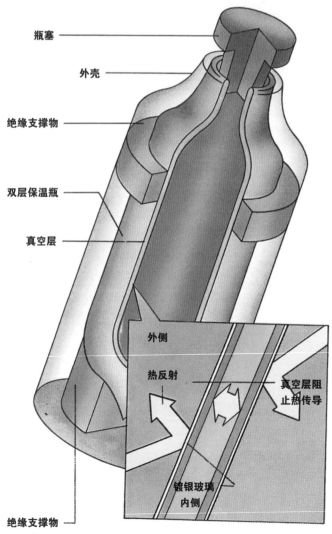

瓶塞

外壳

绝缘支撑物

双层保温瓶

真空层

外侧

热反射

真空层阻止热传导

镀银玻璃

内侧

绝缘支撑物

制冷器

绝缘体除了保温之外，还可以隔热。如果建筑物使用了良好的隔热材料，那么它将是冬暖夏凉的，住在里面非常舒服，因为它可以防止热能穿透墙体进入或逸出房间。在汽车的制冷系统中，水流环绕引擎流动，带走多余的热能，受热的水再流入散热器的细水管中，有一个风扇不断向这些水管吹风，使管中的热水温度降低，然后水流会再流回引擎周边，如此循环往复，保证车辆的正常行驶。

在冰箱中有一种叫做制冷剂的液体，它在管道内汽化，并沿着管道在冷冻室周转循环传输，吸收冷冻室内多余的热能。带有热能的气体，经压缩机处理后再次冷却成液体。多余的热能通过冰箱背面的散热器释放到空气中。

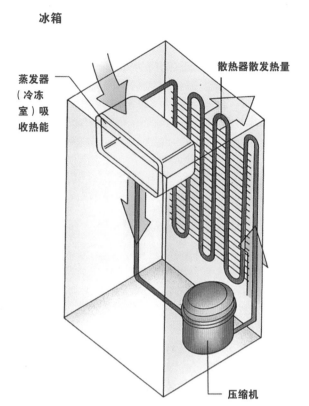

冰箱

蒸发器（冷冻室）吸收热能

散热器散发热量

压缩机

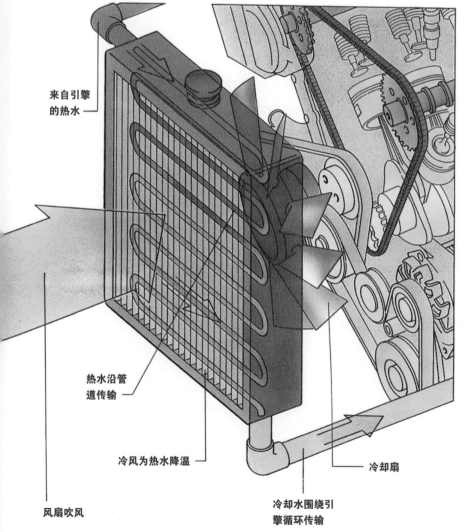

◁ 汽车制冷系统

来自引擎的热水

热水沿管道传输

冷风为热水降温

风扇吹风

冷却水围绕引擎循环传输

冷却扇

小实验

将一些不同材质的物品放在太阳下晒上一段时间，然后用手摸摸它们。它们的温度一样高吗？还是有些物品的温度更高一点？为什么？产生这种结果的原因是它们具有不同的导热性能。

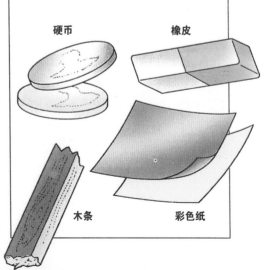

硬币

橡皮

木条

彩色纸

绝大部分物质都会遇热膨胀。这是因为当温度上升时，组成物质的原子或分子会更活跃，它们会占据更多的空间，物质也就因此发生膨胀。在温度下降后，物质会恢复到它原来的体积。

遇热膨胀

热胀冷缩是一种常见的现象。在炎热的夏日里，你可以看到悬空的电话线或电缆松弛地悬挂在电线杆之间，而在寒冷的冬季，它们却是紧绷的。在修建铁路时，铁轨上也留有倾斜的伸缩接缝，这是给它们在夏天发生的膨胀预留的空间，这样铁轨才不会隆起，从而保证火车能够在铁轨上安全地运行。协和式超音速飞机在飞行时与空气摩擦，受热后机身长度会增加约 25 厘米。

△在夏季，悬索桥的长度会比冬季长出约 1 米，因此在桥面上需要预留出伸缩接缝。

伸缩接缝

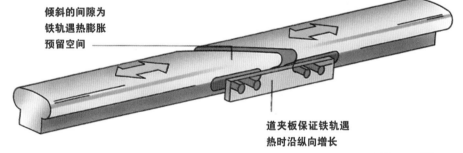

倾斜的间隙为铁轨遇热膨胀预留空间

道夹板保证铁轨遇热时沿纵向增长

▽虽然在冬季水池中的水面会结冰，但水底的温度相对较高，所以鱼类得以继续生存。鸭子则可以在冰面上行走。

冰水

在 4℃以上时，水遇冷收缩。但温度为 4℃以下时，水的体积会发生膨胀，热胀冷缩在这时就不成立了。温度在结冰点至 4℃之间的水，比温度更高的水的密度低，因此它会浮在水体的上层。在冬天，冷水位于水体上层并最先冻住，这对鱼类及其他水生动物来说是非常重要的。冰面阻止冷空气进入下层水体中，起到了保持温度的作用，让底层的水仍然保持相对较高的温度，水生动植物也因此可以存活下来。

温控器

在电烤箱和电暖气中都会有一个用于控制温度的温控器。在某一种温度环境下，温控器处于闭合状态，当温度升高并达到某一个特定的数值时，温控器断开，使设备停止加热。温控器的核心部件是一个由两种不同材质的金属组成的双金属片。由于材质不同，这两片金属受热时膨胀与弯曲程度不同。当温控器被放在一个电路中时，双金属片受热弯曲后弹起并切断电路。在温度下降后，双金属片复位，让电路再次连通。

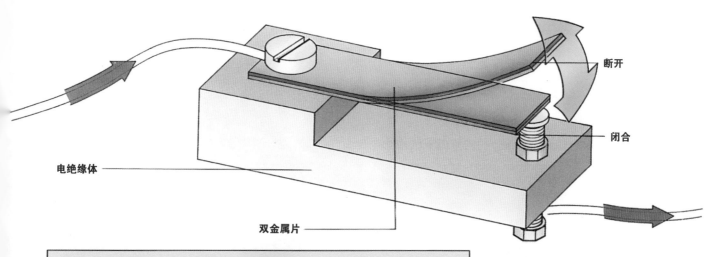

断开

闭合

电绝缘体

双金属片

紧靠蛇

这个小实验会告诉你金属是如何膨胀的。首先，将一条透明胶带贴在铝箔纸上，然后沿着胶带将铝箔纸剪下来，这一长条形的铝箔纸就是"蛇身"。接下来将"蛇身"一圈圈紧紧地捆在一根铅笔上，并将它放在台灯下。打开台灯，让灯泡的热能辐射到铝箔上。此时，由于铝箔受热膨胀，所以它会慢慢地从铅笔上松开。

剪下一条铝箔

台灯

向上卷起

在台灯下，铝箔会慢慢松开

小问题

在水杯中盛入一些水并放入一个小冰块，继续加冰使水面正好位于杯体的边缘。在冰块融化之后，杯中的水会溢出来吗？不会的，因为水在结冰时的体积更大。如果冰块很大，当它融化后，杯中的水面反而会下降一些。

燃烧是一种发光发热的化学反应，或者说是一个产生火焰的化学变化过程，而火焰是无法保存的。热能或其他形式的能量是促成化学变化的重要因素，同时很多化学变化本身也会产生热能。例如，在划火柴时，火柴头与火柴盒侧面的化学物质相互摩擦，产生足够热量后火柴才能点燃。

氧与燃烧

参与燃烧过程的主要有两种物质——燃料及空气中的氧。燃料中的分子富含能量，在燃烧过程中这些能量被释放出来，燃料分子也因此变成不同的低能量分子。例如，当煤炭燃烧时，其中的碳与空气中的氧发生反应，生成二氧化碳释放到空气中。天然气的主要成分是甲烷，在燃烧的过程中它生成二氧化碳与水。

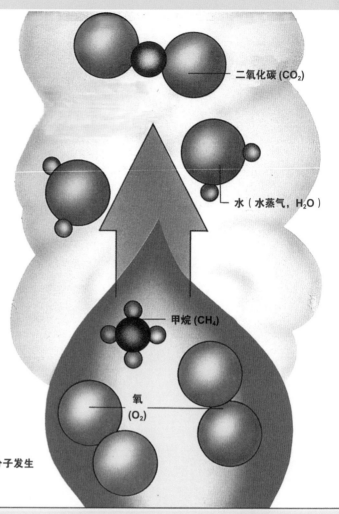

二氧化碳 (CO_2)

水（水蒸气，H_2O）

甲烷 (CH_4)

氧 (O_2)

▷ 甲烷燃烧时，它的分子与氧分子发生反应，生成二氧化碳和水。

小实验

通过这个小实验，你可以测量一下空气中氧的数量，但你需要在家长的陪伴下做这个实验。先在一个盆内放入一些水，然后用锡纸叠一艘"小船"并把它放在水面上。找一根蜡烛点燃后放在小船上，蜡烛不要太长，这样可以防止它倾倒。将一个大一点的罐子倒扣在蜡烛与小船之上。开始时，水不会进入罐中，这是因为罐中的空气使水无法进入其中。随着蜡烛燃烧消耗掉了空气中的氧，水也会慢慢被吸入罐中。当罐中的氧全部消耗完时，蜡烛就会熄灭，此时通过测量碗内水平面下降的程度就可以测量出罐中原有空气中氧的数量了。

将一个罐子倒扣在蜡烛上

在锡纸小船上安放一根点燃的蜡烛

罐内的空气阻止水进入其中

蜡烛燃烧消耗罐中的氧

一个盛有水的盆

水被吸入罐中

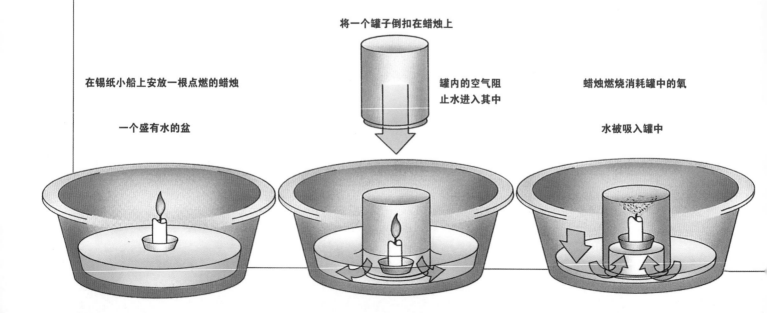

燃料

我们使用最多的燃料是煤炭、石油和天然气，它们都是动植物的遗体在地下埋藏数千年之后形成的，因此将它们称为矿石燃料。3亿年前的巨型植物在经历地质结构的变化后被掩于地下，形成了今天的煤炭。石油与天然气源自数百万年前生活在海洋中的浮游生物的遗体。这三种燃料中都含有碳，所以当它们燃烧时会释放出二氧化碳。在过去的百余年中，由于人类使用燃料而向大气层中释放出的二氧化碳数量剧增，科学家认为这会致使大气层产生温室效应，使地球上的温度越来越高。

灭火常识

燃烧需要三个基本要素：热能、燃料和氧气。缺少其中任何一个要素，燃烧将不能进行。如果建筑物内发生火灾，将门窗紧紧关闭，阻止空气流通，会使火焰因缺氧而熄灭。用水泼向着火的物品，可以降低其温度并因此冷却下来。如果发现着火而且火苗不大，可以马上将毛毯扑在火上，阻隔氧气，扑灭火焰。

◁ 发电站烟囱排放出的气体中含有使大气层温度升高的化学物质。

柠檬汁　笔

热能以不同的方式影响着不同的物质。用柠檬汁在纸上写一段文字。等柠檬汁干燥之后，字迹会消失。为了让文字再次显示出来，你需要将这张纸放在温度适宜的烤箱里烤上十分钟的时间。安全起见，你需要在家长的陪伴下做这个实验。

写上一段文字

热能会让文字再次显示出来

△ 一名消防员正向一架坠毁并燃烧的飞机喷射消防泡沫，这样可以阻隔氧气并最终让火焰熄灭。

火药是碳、硫磺以及含有氧元素的硝酸钠的混合物。当火药爆炸时，碳与硫磺使用硝酸钠中的氧发生燃烧。动植物的呼吸作用是燃烧的另一种形式——慢燃烧，它实际上是一个从营养物质中释放能量的过程。

炸药

炸药可分为两种：低爆速炸药和高爆速炸药。低爆速炸药的燃烧速度相对缓慢，而且发生的爆炸并不是很剧烈，例如火药就是一种低爆速炸药。高爆速炸药燃烧速度高，爆炸威力强。硝化甘油炸药和 TNT（三硝基甲苯）都是典型的高爆速炸药，而且后者的制造与使用更为简单方便。

烟花

烟花的主要成分是火药，以及一些用于产生彩色焰火或火花等特殊效果的金属化合物。不同种类的金属化合物在燃烧时，会发出不同颜色的光芒。例如含有钡、铜、锶的金属化合物在燃烧时可分别产生绿、蓝、红色的光。烟花爆炸时的火花是铜、铁、铝等微粒粉末燃烧的结果。把火药与这些物质一起装入一个硬纸筒中，再在其上插入一根引线，就可以制作出一枚烟花了。例如，在一颗罗马焰火筒中，用于产生不同声光效果的成分被分成若干个独立的小包装，每一个小包装之间再放上一层火药。当引线被点燃后，火苗沿着引线向下燃烧，使每一层的火药发生爆炸，将每个小包装抛向空中并发生爆炸，从而产生不同的声光效果。

△ 硝化甘油炸药是由阿尔弗雷德·诺贝尔发明的，它可用于定向爆破拆除建筑物。

▷ 大约 2000 年以前，中国人在发明火药后不久，又发明了烟花。但那时的烟花效果并没有现代烟花如此壮观。

生命之源

所有生物只有在获得充足养分的前提下才能生存下去。碳水化合物的主要成分是碳、氢、氧，富含能量，是动植物赖以生存的必须物质。植物吸收空气中的二氧化碳，通过光合作用将二氧化碳转化为所需的养分。动物通过进食植物或猎食其他动物、脂肪或蛋白质为自己提供能量，但是动物必须先将摄入体内的食物转化为碳水化合物，并与氧气发生化学反应之后才能利用其中的能量——这个过程称为呼吸作用，它与燃烧相似，都是一种释放能量的过程。呼吸作用非常复杂，涉及一系列的化学反应与交换，但归根结底它是一个氧与营养物质发生反应产生二氧化碳、水与能量的过程。

▽医生在测试运动员对剧烈运动的反应情况。运动员呼吸时吸入的氧气量可以从某种程度上反应出他们身体的健康程度。

方糖实验

将一块方糖放在烟灰缸内。请家长帮你试着用火柴去点燃它，结果当然是不行。在方糖上擦上一点烟灰，再次试着用火柴去点燃它，这次它会燃烧起来。这是因为烟灰含有加速化学反应的催化剂。

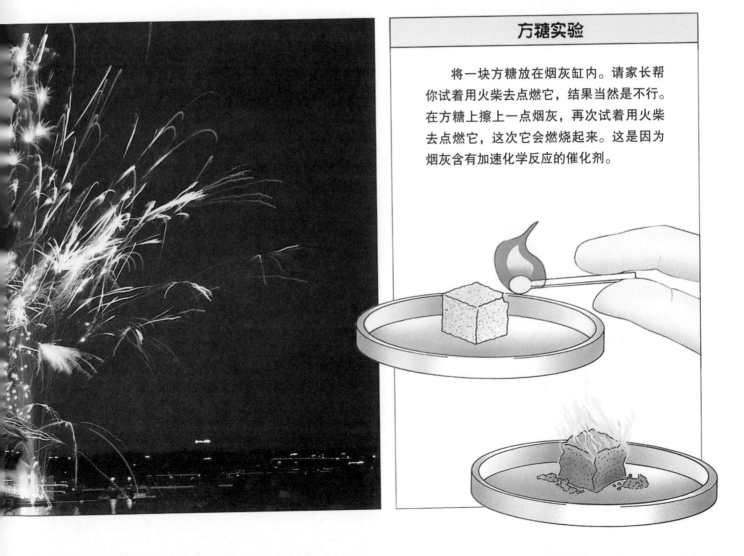

发动机分为两大类：燃料在发动机外燃烧的外燃机，以及燃料在发动机内燃烧的内燃机。蒸汽发动机是一种外燃机，而汽油发动机与柴油发动机则属于内燃机。

蒸汽发动机

第一代蒸汽发动机的体积硕大。1712年，英国人托马斯·纽科门发明了第一台竖式蒸汽发动机，它的高度达到10米。十年之后，苏格兰人詹姆斯·瓦特发明了第一台双动式蒸汽发动机。通过右侧的图示，我们可以了解内燃机的工作原理。在内燃机的气缸中有一个活塞，当蒸汽从气缸右侧进入之后，在蒸汽压力的推动下，活塞向前运动做功。连杆结构将活塞的另一端与车轮连接起来，将活塞的侧向运动转变为车轮的旋转运动。当活塞运动至行程终点时，气缸内的侧滑阀打开，让蒸汽从气缸的左侧进入，活塞在蒸汽的推动下返回到原来的位置上。

汽油发动机

一般汽车使用的四冲程汽油发动机，其工作循环过程由4个活塞行程组成。第一个行程中，活塞向下运动，离开活塞顶部并打开阀门，使汽油与空气的混合物可以进入气缸中。在第二个行程中，活塞向上运动，压缩刚刚进入的混合物。在压缩到一定程度之后，火花塞打出一个微小的电火花，使混合物被迅速引燃、膨胀，在气体的推动下，活塞再次向下运动，这就是它的第三个行程。随后，活塞再次向上，完成它的第四个行程——将燃尽的混合物通过阀门排出发动机之外。柴油发动机的工作原理与此类似，但是在柴油发动机中没有火花塞，柴油在压缩到一定程度后会自行引燃。

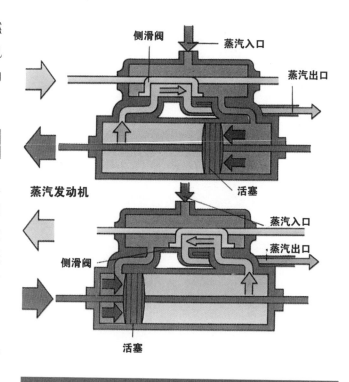

侧滑阀　蒸汽入口　蒸汽出口　活塞

蒸汽发动机

侧滑阀　蒸汽入口　蒸汽出口　活塞

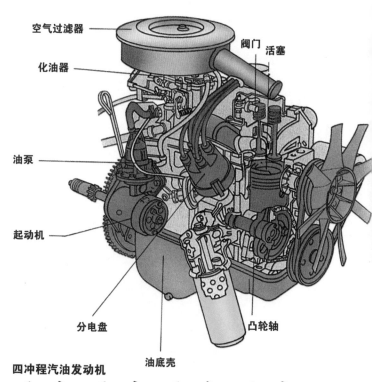

空气过滤器　阀门　活塞
化油器
油泵
起动机
分电盘　凸轮轴
油底壳

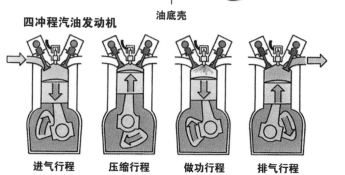

四冲程汽油发动机

进气行程　压缩行程　做功行程　排气行程

涡轮机

在涡轮机的转轴上装有一个巨大的叶片轮，这让涡轮机看上去就像是一个大风车。当有水流、蒸汽流或热气流冲击叶片时，叶片轮会转动起来。在汽轮机中，带动叶片轮旋转的动力来自高压蒸汽，在大型的发电站中常会用多台汽轮机同时产生电能。在燃气轮机中，空气先被吸入燃气轮机前端，经由压缩机风扇进行压缩后被输入燃烧室中，在那里空气与燃料（如煤油）混合后燃烧，所产生的高温燃气膨胀并形成高速气流，推动涡轮叶轮快速旋转，并最终排出燃气轮机。由于燃气轮机的压缩机风扇与涡轮叶轮是安装在同一根转轴上的，所以涡轮叶轮也会带动压缩机风扇高速旋转。涡轮机的转轴是它的动力输出方式之一，它常

与机械设备的传动结构连接在一起，为后者提供充足的动力保证。例如，轮船的螺旋桨就是由燃气轮机的转轴提供动力的。喷气发动机是燃气轮机的一种，但它是通过排出高速气流来推动飞机飞行的。

▽发电站使用巨型的汽轮机发电。汽轮机的转轴高速旋转，叶片末梢的运动速度甚至超过了声音的传播速度。

△喷气式飞机发动机前端的叶片用于将空气吸入发动机内，它们是由发动机后端的涡轮叶轮驱动的。

燃气轮机产生动力的过程

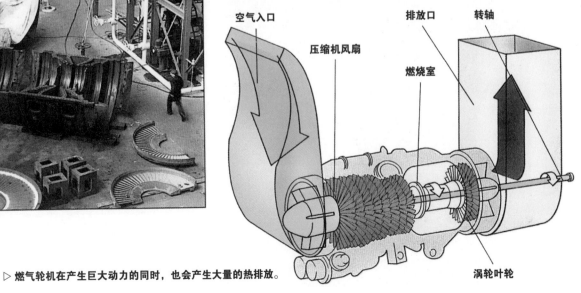

空气入口　压缩机风扇　燃烧室　排放口　转轴　涡轮叶轮

▷燃气轮机在产生巨大动力的同时，也会产生大量的热排放。

热能在工业生产中发挥着不可替代的作用。例如，利用热能从矿石中提取金属。铁是通过在高炉中加热铁矿石与焦炭冶炼出来的。铁矿石通常是含有铁与氧的赤铁矿。焦炭由烟煤高温炼焦后得来，其主要成分是碳。生铁可用于提炼钢材。

金属成形

受热的材料易于弯曲并制作成各种形状。铁匠先要将铁块加热烧红，然后才能一锤一锤将它打制成马蹄铁，这种用外力对金属进行塑形的方法称为锻造。汽车发动机上的一部分零件就是锻造出来的。还有一种称为铸造的方法，是将金属加热熔化后倒入模具中成形，等其冷却后再取出。列车车厢的车轮就是利用这种方法制造出来的。玻璃或塑料熔化后也可倒入模具中塑形，或被吹制成空心的形状。除此之外，一些异形的塑料制品可以采用挤出的方法来塑形。

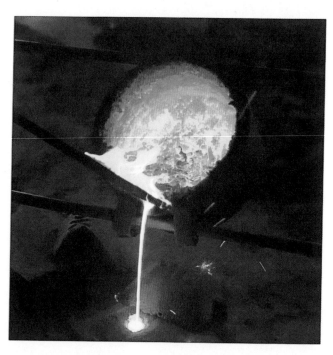

△熔化的铁水被灌入模具内，铸造制成铁锭。利用这种方法，还可以把它铸造成更为复杂的形状。

▽一位工人正在向熔化的玻璃液中吹气，他要把它吹成一个空心瓶的形状。

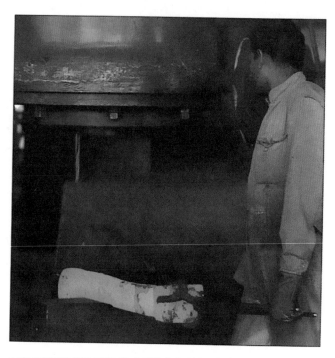

△使用液压锤或液压机可将大型的高热金属块锻压成形。

炼油厂

从原油或石油中可以提炼出很多有用的物质。提炼的第一步是对原油进行加热使其蒸发成气体。这些气体被输送进有若干层蒸馏塔板的大型蒸馏塔中。随着在管道内传输的进行，气体逐渐冷却下来，并凝结成多种的液体——我们将其称为分馏物。不同的分馏物在不同层次的蒸馏塔板中被回收并通过管道输送到不同的地方。质量最轻的分馏物沸点也最低，例如丁烷和丙烷，当它们只有被传输到蒸馏塔的顶端时才会被收集利用。汽油、煤油和燃油沸点稍高，因此在第二层中被收集利用。黑沥清、焦油等则在蒸馏塔的底层被收集起来。

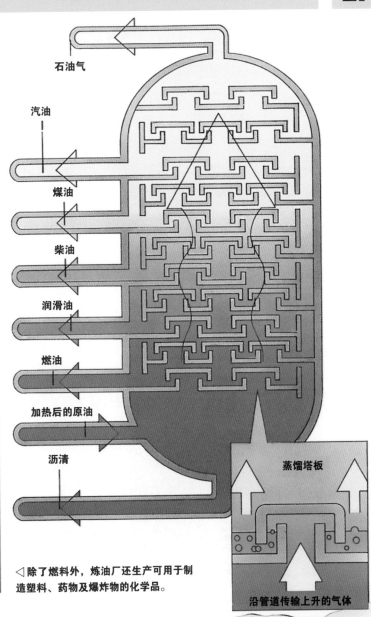

石油气

汽油

煤油

柴油

润滑油

燃油

加热后的原油

沥清

蒸馏塔板

沿管道传输上升的气体

◁ 除了燃料外，炼油厂还生产可用于制造塑料、药物及爆炸物的化学品。

小实验

在玻璃杯中倒入半杯温水，根据水平面的高度在杯壁上画上一条线。在确保可溶解的前提下，放入尽可能多的盐，用汤匙搅拌水直到盐分全部溶解。此时注意观察水平面是否上升了？盐去哪里了？把盐水倒入一个平盘内，然后放在阳光下。等水分蒸发之后，会在平盘上留下一层盐颗粒。

盐

将盐倒入温水中

将盐水倒入平盘内

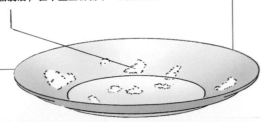

水分蒸发后，在平盘上会留下一层盐颗粒

很多科学家在热能理论及热能利用方面进行了长期的研究，并获得了重要的发现。下面这三位科学家在热能利用方面做出过突出的贡献。

英国科学家开尔文勋爵 (1824—1907)，出生于贝尔法斯特。他是第一个建议使用绝对零度作为温标起始点的人。这种温标随后被命名为开尔文温标，其重要意义在于它可以衡量出一个物体内含有的热能量。

开尔文勋爵

詹姆斯·普雷斯科特·焦耳

苏格兰科学家约瑟夫·布莱克 (1728—1799) 注意到，在不改变温度的情况下，冰能融化成水。这意味着冰能够吸收热能，并利用这些热能融化为水。随后，他又发现同样的情况也发生在水变成水蒸气时。现在，我们将物质由固态转变为液态时所吸收的能量称为熔化潜热，当物质由液态转化为气态时所吸收的能量称为气化潜热。布莱克还提出，在质量相同的情况下，要使不同的物质升高相同的温度，需要不同量的热能。

詹姆斯·普雷斯科特·焦耳 (1818—1889) 为开尔文温标的确立提供了理论基础。焦耳在热能方面的贡献是他以能量的形式对热能进行表述。他先是测量了瀑布顶部与底部的水温差，然后在实验室中精确地测量出了机械能与热能之间的转化关系——在一个装有水的容器里，用下降的重物带动装有叶片的转轴旋转，同时测量水温的变化情况。热能（以及其他形式的能量）单位后来均以他的名字命名：焦耳。

约瑟夫·布莱克

绝对零度

理论上的最低温度，相当于 -273.15℃，或用 0K 表示。

原子

化学反应不可再分的基本粒子。多个原子构成一个分子。

沸点

使液体变成气体或蒸气的温度。

催化剂

改变化学反应速度，但不影响化学反应结果的物质。

摄氏温标

将水的结冰点定为 0℃，将水的沸点定为 100℃ 的温标。其每一刻度代表的温度值与开尔文温标相同。

电磁波

一种可以在真空区域中传输的波。光与热辐射都是一种电磁波。

能量

物质运动或做功的能力，单位是焦耳。

华氏温标

将水的结冰点定为 32 ℉，将水的沸点定为 212 ℉ 的温标。

内燃机

燃料在发动机内部燃烧的发动机，如汽油发动机或柴油发动机。

焦耳

能量单位。1 焦耳相当于将 1 牛顿的重物向上提起 1 米高度所需要的能量。

开尔文温标

将绝对零度定义为 0K，结冰点定义为 273.15K 的温标。其每一刻度代表的温度值与华氏温标相同。

动能

物体因运动而具有的能量。

潜热

物质在等温等压的情况下，从一种状态变化到另一种状态所吸收或放出的热量。

熔点

物质从固态转化为液态时的温度。

分子

由多个原子组成的物质微粒。

势能

由于形态（如拉长的皮筋）或位置（如提升到某个高度）而使得物质具有的能量。

功率

指物体在单位时间内做功的多少，单位为瓦特（焦／秒）。

辐射

能量穿过真空区域传播的一种方式。热能以红外辐射的方式穿过真空区域。

制冷剂

在冰箱的制冷系统中循环流动并蒸发制冷的液体。

氧化作用

生物从食物中获取能量（特别是碳水化合物）的过程。

升华

物质从固态不经过液态直接变成气态的过程。

振荡

物质分子受热后快速往复移动的过程。

瓦特

功率单位。1 瓦相当于 1 焦／秒。